Sven-David Müller

Vergleich von Adipositas-Programmen für die ärztliche Praxis

GRIN Verlag

Bibliografische Information der Deutschen Nationalbibliothek:

Die Deutsche Bibliothek verzeichnet diese Publikation in der Deutschen National-bibliografie; detaillierte bibliografische Daten sind im Internet über http://dnb.d-nb.de/ abrufbar.

Impressum:

Copyright © 2011 GRIN Verlag GmbH
Druck und Bindung: Books on Demand GmbH, Norderstedt Germany
ISBN: 978-3-656-03776-7

Dieses Buch bei GRIN:

http://www.grin.com/de/e-book/181009/vergleich-von-adipositas-programmen-fuer-die-aerztliche-praxis

GRIN - Your knowledge has value

Der GRIN Verlag publiziert seit 1998 wissenschaftliche Arbeiten von Studenten, Hochschullehrern und anderen Akademikern als eBook und gedrucktes Buch. Die Verlagswebsite www.grin.com ist die ideale Plattform zur Veröffentlichung von Hausarbeiten, Abschlussarbeiten, wissenschaftlichen Aufsätzen, Dissertationen und Fachbüchern.

Besuchen Sie uns im Internet:

http://www.grin.com/

http://www.facebook.com/grincom

http://www.twitter.com/grin_com

Strukturierte Adipositasprogramme im Vergleich

Ernährungsberatung von Übergewichtigen und Adipösen als zweites wirtschaftliches Standbein für den niedergelassenen Arzt

Von Sven-David Müller, M.Sc.

Übergewicht und Adipositas sind zunehmende Probleme!

Die Zahl der Übergewichtigen nimmt nicht nur in den Industrienationen, sondern auch den Schwellenländern zu. Die Weltgesundheitsorganisation WHO hat Adipositas zur globalen Epidemie erklärt. Dennoch spielt Ernährungsberatung in der ärztlichen Praxis noch immer eine untergeordnete oder sogar keine Rolle. Die hohe Adipositas-Inzidenz und die Prävalenz ernährungsabhängiger sowie ernährungsmitbedingter Krankheiten erfordert aber eine qualifizierte Ernährungsberatung. Das Kassenarztsystem ermöglicht dem Arzt die Abrechnung von Diät- und Ernährungsberatung praktisch nicht. Eine Kostendeckung ist nicht möglich. Aufgrund standesrechtlicher Einschränkungen darf der Kassenarzt als Freiberufler jedoch auch keiner gewerblichen Tätigkeit nachgehen. Es besteht aber die Möglichkeit Ernährungsberatung als Igelleistung, neben der Praxistätigkeit oder in praxisparallelen Centren anzubieten. Dabei kommen eine Vielzahl von Anbietern auf den Arzt zu und bieten Ihre Franchise-Modelle an.

BMI	Beurteilung	Prozentualer Anteil in der Bevölkerung
< 18,5	Untergewicht	2,4 %
18,5 – 24,9	Normalgewicht	49,8 %
25 – 29,9	Übergewicht Grad I (moderates Übergewicht)	36,2 %
30 – 40	Übergewicht Grad II (schweres Übergewicht oder Adipositas)	11 %
> 40	Übergewicht Grad III (morbide Adipositas)	0,5 %

Quelle: Statistisches Bundesamt, 2002, Wiesbaden

Übergewicht und Adipositas in Deutschland

Die Kosten, die durch Fehlernährung hervorgerufen werden, berechnete das Deutsche Kompetenzzentrum Gesundheitsförderung und Diätetik für das Jahr 2000 auf 144,64 Milliarden Mark (Datengrundlage BMG, 1990, Alte Bundesländer 83,511 Mrd. DM, Neue Bundesländer 23,823 Mrd. DM = 107,334 Mrd. DM). Im Jahr 2001 lagen die direkten und indirekten Ausgaben für fehlernährungsbedingte Krankheiten nach Hochrechnung der Gesellschaft bei mindestens 148,575 Mrd. DM. Das ist rund ein Drittel der Gesamtkosten im Gesundheitswesen. Nach Angaben des Bundesministeriums für Gesundheit treten 64 Prozent der Todesfälle in Deutschland in Folge ernährungsbedingter und ernährungsabhängiger Erkrankungen auf. In Deutschland leiden rund 60% der erwachsenen Bevölkerung an Übergewicht (BMI ≥ 25). Rund 20% der Bevölkerung weisen ein behandlungsbedürftiges Übergewicht (BMI ≥ 30 = Adipositas) auf [1, 2]. Allein Im Zeitraum von 1985 bis 1990 war ein Anstieg der Übergewichtigen mit einem BMI > 30 von 16,5% auf 19,3% bei den Frauen und von 15,1% auf 17,2% bei den Männern zu beobachten [3]. Auch bei Kindern ist die Tendenz steigend. Bereits bis zu 23% der deutschen Kinder und Jugendlichen weisen

Übergewicht und Adipositas auf. Dass der Prävention eine große Bedeutung zukommt, wird noch dadurch verdeutlicht, dass 85% der übergewichtigen Kinder auch als Erwachsene übergewichtig sind. [4, 5] Trotz oder gerade weil das Angebot an vermeintlichen Lösungsansätzen in Form von Diätkonzepten, Arzneimitteln, sonstigen Schlankheitsmitteln und Gewichtsreduktions-programmen immens ist, nimmt die Zahl der Betroffenen nicht ab, sondern zu. Aufgrund der Begleit- und Folgeerkrankungen der Adipositas (z.b. KHK, Diabetes mellitus Typ 2) ist eine stetige Erhöhung der Krankheitskosten zu erwarten, die nicht nur die Sozialversicherungsträger, sondern auch die Patienten selbst belasten. In Deutschland ergaben Ergebnisse von Schätzungen für das Jahr 1995 für die Adipositas und ihre Folgekrankheiten Kosten in Höhe von rund 21 Milliarden DM [2, 6]. Es ist davon auszugehen, dass die aktuellen Kosten viel höher liegen. Es stellt sich die Frage, ob Adipositas als Erkrankungsform in der Bevölkerung und insbesondere vom Gesundheitssystem nicht ernst genug genommen wird oder sogar die Therapiekonzepte – soweit denn vorhanden – an der falschen Stelle ansetzen. Die große Anzahl an Betroffenen ist ansonsten nur schwer zu erklären.

Body Mass Index - Klassen nach Geschlecht und Ost/West – Zugehörigkeit

BMI – Wert (kg/m²)	Ost Männer %	Frauen %	West Männer %	Frauen %
< 20	2,8	5,7	1,9	6,8
20 – 25	31,1	37,4	31,3	41,1
25 - < 30	45,1	32,4	48,7	31,1
30 - < 40	20,5	23,1	17,6	19,3
≥ 40	0,4	1,4	0,7	1,8
Σ BMI ≥ 25	66,0	56,9	67,0	52,2

Quelle: Gesundheitssurvey 1998, Robert-Koch-Institut, Berlin

Die erste Überlegung trifft sicherlich in soweit zu, dass Adipositas in unserer Gesellschaft selten als eine therapiebedürftige Erkrankung angesehen wird. Im Jahr 2000 beschrieb die WHO die Adipositas erstmalig als chronische Krankheit [1], in Deutschland ist sie jedoch als solche vom Gesundheitssystem noch nicht anerkannt. Lediglich die Folgen der Adipositas haben diese Anerkennung und ermöglichen damit eine Kostenerstattung durch die gesetzlichen Krankenkassen. Wie aber verhält sich die ärztliche Seite? Aus einer Analyse von Krankenkassendaten einer repräsentativen Stichprobe aller Versicherten der AOK Dortmund aus dem Jahr 1990 geht hervor, dass nur bei 6,2% der Untersuchten die Diagnose „Adipositas" oder „Übergewicht" auf ärztlichen Abrechnungsscheinen vermerkt war. Setzt man diese Zahl in das Verhältnis zur Anzahl der tatsächlich Betroffenen, so wird deutlich, dass die meisten Fälle von den niedergelassenen Ärzten nicht wahrgenommen wurden. [2] Diese Tatsache ist nicht weiter verwunderlich, hält man sich die aktuelle Gebührenordnung für Ärzte (GOÄ) vor Augen: Im Rahmen der GOÄ lassen sich über die Kassenärztlichen Vereinigungen diagnostische und therapeutische Maßnahmen bei Adipositas nur dann abrechnen, wenn diese im Zusammenhang mit einer Begleit- und Folgeerkrankung der Adipositas stehen. Es ergibt sich zwar in Bezug auf Adipositas eine weitere Einnahmemöglichkeit für Ärzte im Rahmen der individuellen Gesundheitsleistungen (iGel-Liste), jedoch müssen die Kosten für solche Leistungen wie Ernährungsschulung von den Versicherten selbst getragen werden. [7] Die notwendige Akzeptanz bei den Patienten ist, insbesondere wenn der präventive Charakter im Vordergrund steht, nicht in ausreichendem Maße vorhanden. Seit dem 1.7.2000 ist Prävention zwar wieder Aufgabe der gesetzlichen Krankenkasse, die Ausgaben pro Versicherter betragen allerdings nur 5,- DM jährlich – „ein Tropfen auf einem heißen Stein"! Eine Abrechnungsfähigkeit ist aber nur gegeben, wenn die Berater entsprechend den Anforderungen der gesetzlichen Krankenkassen qualifiziert sind. Für Mediziner ist die nur gegeben, wenn sie das Curriculum Ernährungsmedizin absolviert haben. Es fragt sich, warum diese Konzepte langfristig so geringen Erfolg bewirken. Eine der Hauptursachen besteht sicherlich darin, dass die Personen nach Abschluss der Programme wieder auf sich selbst gestellt sind. Sinnvolle Adipositasprogramme sind dauerhaft, also lebensbegleitend, angelegt. Den Adipösen muss in einem partnerorientierten Programm vermittelt werden, dass nur eine dauerhafte Umstellung des Lebensstils und des Ernährungsverhaltens erfolgreich ist. Unter Alltagsbedingungen setzen sich ansonsten die alten Gewohnheiten meist nach wenigen Wochen oder Monaten wieder durch und das Ausgangsgewicht wird schnell wieder erreicht oder sogar noch überschritten [13]. Es ist somit nicht verwunderlich, dass es nur 20 bis 30% der Teilnehmer gelingt, anhand einer Ernährungs- und Verhaltenstherapie das reduzierte Körpergewicht über 3 Jahre oder länger zu stabilisieren [14]. Die Umgewöhnung an neue Verhaltensweisen stellt einen sehr langsamen und schwierigen Prozess dar. Zudem ist die Anzahl der Angebote an effektiven Therapiekonzepten äußerst gering. Der größte Teil der Bevölkerung versucht im Alleingang seine Pfunde loszuwerden oder setzt auf dubiose Schlankheitsmittel und unseröse Diätkonzepte, die nicht den wissenschaftlichen Anforderungen entsprechen.

Die praxisparallelle Adipositasberatung

Die verschiedenen Programme integrieren in der Regel Ernährungsberatung in Gruppen und proteinmodifiziertes Fasten mit diätetischen Lebensmitteln. Das Programm sollte sich über einen Zeitraum von mindestens 3 Monaten erstrecken und auch eine dauerhafte Betreuung über Jahre ermöglichen. Die bewerteten Programme schließen die Bestimmung der Körperkompartimente und deren Verlaufsentwicklung anhand von Körperfettmessungen mittels bioelektrischer Impedanz Analyse (BIA) oder Infrarotspektroskopie ein. Zusätzlich ermöglichen verschiedene Anbieter den Verkauf von sogenannten Vitalstoffprodukten, auf der Basis von Vitaminen, Mineralstoffen sowie sekundären Pflanzenstoffen eine „orthomolekulare Therapie". Schon jetzt zahlt der Bundesbürger schon rund 75 Mrd. DM für die Gesundheit und Fitness aus eigener Tasche (17). Wichtige Hinweise für die Einrichtung einer praxisparallelen Gesundheitsberatung:

> ➢ Inhaber des Centrums sollte ein niedergelassener Arzt nicht sein
> ➢ Der niedergelassene Arzt ist Vertragsarzt oder Berater des Gesundheitszentrum
> ➢ Das Gesundheitszentrum ist getrennt von der Kassenarztpraxis und ist zeitlich (außerhalb der Sprechzeiten) oder örtlich (eigenen Eingang) getrennt, (verfügt über einen, eigenes Telefon, (...) gesondert ausgewiesen Miete, getrennte Miete
> ➢ Das Gesundheitszentrum schließt Arbeitsverträge mit den Mitarbeitern ab
> ➢ Die ärztliche Tätigkeit als Berater findet außerhalb der Sprechzeiten statt
> ➢ Gesellschaftsform GmbH oder Ein-Personengesellschaft oder GbR (Anmeldung beim Gewerbeamt)
> ➢ Eigenes Personal, ev. Praxispersonal mit zweiter Steuerkarte
> ➢ Steuerberater und Rechtsbeistand erforderlich

Werden diese Punkte nicht eingehalten, führt das zu standesrechtlichen Problemen sowie Konsequenzen und es kann die Umsatzsteuerpflicht der gesamten Praxiseinnahmen nach sich ziehen. Zu den Anbietern von strukturierten Adipositasprogrammen für den Arzt gehören unter anderem die Unternehmen PreCon GmbH und Co KG, FormMed HealthCare AG, Bodymed AG, sowie Insumed/Peloid GmbH. Diese bundesweit aktiven Unternehmen bieten dem Arzt oder dessen Partnern ein strukturiertes Konzept nach dem Franchise-Prinzip an. Der Aufbau der Konzepte ist relativ ähnlich. Die Zielsetzung ist es, dass der Arzt oder ein Partner als Unternehmer mit einem praxisparallellen Adipositaszentrum wirtschaftlich erfolgreich tätig werden kann. Die Strukturveränderungen im Gesundheitswesen bedingen eine deutlche medizinische und wirtschaftliche Einschränkung für den Kassenarzt. Vor dem Hintergrund der sich verändernden sozioökonmischen Rahmenbedingungen ergibt sich für den Kassenarzt die Möglichkeit als Unternehmer zu agieren es ist keine iGel-lesitung! Igel-Leistungen sind immer ärztliche Leistungen). Der Bereich der der Ernährungsberatung von Übergewichtigen und Adipösen bietet im Bereich der IGel-Leistungen sowie klassischen Selbstzahlerleistungen besondere Möglichkeiten. Im Bereich der sogenannten Igel-Leistungen sollte der Mediziner ausschließlich Leistungen anbieten, die ärztlich empfehlenswert und krankheitspräventiv oder kurativ sind. Igel-Leistungen sind sozusagen Wunsch- oder „Luxusleistungen", die die gesetzlichen Krankenkassen nicht tragen und somit als Selbstzahlerleistung vom Patienten (Kunden) selbst finanziert werden müssen. Angebote im Bereich der Ernährungsberatung, insbesondere für Patienten mit Übergewicht und Adipositas zu machen ist sowohl für die Patienten als auch für das öffentlich Gesundheitswesen sinnvoll, da dadurch Krankheiten vorbeugt werden kann oder diese mitbehandelt werden und ein großes Einsparvolumen gegeben ist, dass schließlich dem kassenärztlichen System wieder zufließen kann. Mehr als 3000 Mediziner haben sich in Deutschland den verschiedenen Systemen angeschlossen. Der Beginn der Tätigkeit liegt in der Anmeldung eines Gewerbes (Kosten: rund 15 €). Im Rahmen der Konzepte findet in der Regel eine Gruppenberatung und –schulung statt. Der Verkauf von Diätetika, Nahrungsergänzungsmitteln und ergänzend bilanzierten Diäten stellt die wirtschaftliche Basis des ärztlichen Adipositas-Zentrums dar. Die Dienstleistung Ernährungsberatung würde auch als Igel-Leistung keine Wirtschaftlichkeit garantieren. Der Patient tritt bei Igel-Leistungen oder im praxisparallelen Centrum in ein privates Behandlungsverhältnis. Während die ärztliche Tätigkeit ein freier Beruf ist, ist die Ernährungsberatung mit Produktverkauf ein Gewerbe. Die verschiedenen ärztlichen Adipositaskonzepte setzen auf ein Drei-Mahlzeiten-Prinzip und schließen den Einsatz von diätetischen Lebensmittel ein. Die diätetischen Lebensmittel finden ihren Einsatz insbesondere im Bereich der Fettmassereduktionsphase und folgen dem wissenschaftlichen Prinzip des proteinmodifizierten Fastens sowie dem Mealreplacement. Die dazu notwendigen Diätetika gibt der Arzt ab. Ziel des 3 Mahlzeiten-Prinzip ist eine möglichst geringe Insulinausschüttung hervorzurufen, um eine optimale Lipolyse zu gewährleisten. Die Zusammensetzung der eingesetzten Diätetika soll ebenfalls eine geringe Insulinantwort hervorrufen und gleichzeitig durch ihre Zusammensetzung im Rahmen der gesetzlichen Gegebenheiten der Diätverordnung beziehungsweise der EU-Vorgaben eine optimierte Proteinversorgung zu erreichen. PreCon hat zur wissenschaftlichen Profilierung und Evaluierung seines Programmes in die bislang weltweit größte Verhaltensstudie (Lean Habits Study) 7000 Teilnehmer aufgenommen. Die Zwischenergebnisse wurden publiziert. FormMed hat ihr Programm in Verbindung mit walking veröffentlicht (xx) In den Vergleich wurden die Marktführer im Bereich strukturierte ärztliche Adipositasprogramme im Selbstzahlerbereich einbezogen. Dazu wurden die Unternehmen PreCon, FormMed und Bodymed angeschrieben und um Übersendung der Servicematerialien gebeten. Außerdem wurden relevante Daten über einen Fragebogen erhoben. Die nachfolgenden Tabellen geben einen Überblick.

Tabellen 1a/1b – siehe Seite 8 bis 10

Vor dem Hintergrund der Auswertung scheint das strukturierte ärztliche Adipositaskonzept des Unternehmens FormMed für Berater und Kunden das beste Programm zu sein, wobei die Unterschiede zu BodyMed nur marginal sind. Die Angaben zum PreCon-Programm sind schwierig auszuwerten, da das Unternehmen, das nach eigenen Angaben Markführer in diesem Bereich ist, eine Vielzahl von Fragen unbeantwortet ließ. Als einziges Unternehmen setzt PreCon nicht ausschließlich auf Mediziner als Berater. Im Bereich der Fort- und Weiterbildung unterhält PreCon ein Institut, das beste Angebot hat und zusätzlich erhalten die Berater die renommierte Fachzeitschrift Ernährung und Medizin kostenlos. Dies sollten auch die anderen Unternehmen ihren Beratern anbieten, damit eine kontinuierliche Fortbildungsmöglichkeit gegeben ist. Alle Unternehmen bieten Unterstützung im Bereich Steuer und Recht an. Zu fordern wäre ein Pflichtfortbildungsprogramm und eine strukturierte Fortbildung für das Hilfspersonal. Bedauerlich ist, dass alle Unternehmen auf die hohe Kompetenz von Diätassistenten verzichten. Lediglich in Einzelfällen werden die Gebühren durch die gesetzlichen Krankenkassen ersetzt; dies ist insbesondere nach erfolgreicher Teilnahme möglich. Alle Unternehmen außer BodyMed evaluieren ihre Programme und führen Studien durch. Besonders hervorhebenswert ist in diesem Zusammenhang die Lean habits Study der PreCon. Bedauerlich ist, dass die Programme nur sehr zögerlich Bewegungsprogramme einbeziehen.

Das PreCon-Programm im Überblick
Startphase (5 mal täglich BCM Startdiät)
Reduktionsphase (täglich 1 Mischkost-Mahlzeit nach der BCM Pyramide und 2 mal BCM BasisKost)
Integrationsphase (täglich 2 Mischkost-Mahlzeiten nach der BCM Pyramide und 1 mal BCM BasisKost)

Stabilsierungsphase (täglich 3 Mischkost-Mahlzeiten nach der BCM Pyramide)
Zusätzlich Nutrifood Complex PreVit - Reich an sekundären Pflanzenstoffen

Das FormMed-Programm (FormConcept®) im Überblick
Reduktionsphase (täglich 2 mal Vital-Formel und eine Mischkostmahlzeit nach den ernährungsmedizinischen Notwendigkeiten bei Adipositas (niedriger glykämischer Index, ideales Fettsäuremuster und optimale Nährstoffrelation)
Übergangsphase (täglich 1 mal Vital-Formel und zwei Mischkostmahlzeiten (s. Reduktionsphase)

Haltephase (täglich 3 Mischkostmahlzeiten (s. Reduktionsphase)

Daneben bietet FormMed ca. 25 orthomolekulare Produkte an (Orthoconcept®)

Die FormMed Health Care AG hat in Zusammenarbeit mit Prof. Dr. Klaus Bös vom Institut für Sport und Sportwissenschaft der Universität Karlsruhe ein Walking-Konzept (WalkingConcept®) entwickelt und ist offizieller Partner des Deutschen Leichtathletik Verbandes (DLV). Außerdem hat FormMed zusammen mit dem Institut von Professor Bös das Deutsche Walking Institut gegründet gegründet und die FormMed-Partner können eine Fortbildung zum FormMed Walkingtrainer absolvieren. Im Fortbildungsbereich kooperiert FormMed mit dem Bonner Förderverein für Diätetik (BFD) e.V. Die FormMed Partner erhalten eine Ermäßigung auf den vom BFD e.V. in Zusammenarbeit mit der Universität Bonn durchgeführten Kurs Curriculum Ernährungsmedizin (nach Bundesärztekammer).

Das Bodymed-Programm im Überblick

Startphase (5 mal täglich Sana-Slim)
Reduktionsphase (täglich 2 mal Sana-Fit und eine Mischkost-Mahlzeit (Nährstoffrelation 50 En% KH, 30 En% Fett, 20 En% Eiweiß)
Stabilisierungsphase (täglich 1 mal Sana-Fit und zwei Mischkost-Mahlzeiten, Nährstoffrelation s. Reduktionsphase)
Erhaltungsphase (täglich drei Mischkostmahlzeiten, Nährstoffrelation s. Reduktionsphase)
Bodymed bietet daneben dem Orthomol-Konzept mit 25 Produkten auch ein Kosmetik-Programm an und Bodymed empfiehlt Nordic Walking

Weitere Konzepte zur Gewichtsreduktion

Daneben bietet die Novartis Consumer Health (Novartis Nutrition GmbH – Medical Nutrition) das Optifast 52 Programm an, dass jedoch nicht mit den anderen Angeboten vergleichbar ist. Das Optifast 52 Programm kostet den Patienten circa 2.900,00 Euro. Einige Krankenkassen – das hebt dieses Programm deutlich von anderen Angeboten ab – beteiligen sich mit unterschiedlichen Bezuschussungen an den Kosten des Programms. Die anbietenden Zentren sind ausschließlich an Kliniken angegliedert. Das Langzeitprogramm ist ambulant mit interdisziplinärem Charakter als angelegt. Im Internet ist eine Auswertung von 1.294 Patienten verfügbar (www.optifast.de). Die Auswertung der Patientendaten zeigt, dass während der 52 Wochen die Frauen durchschnittlich 26 Kilogramm und die Männer 29 Kilogramm verloren. Dieser Verlust verteilt sich auf die Fastenphase, Umstellungsphase und die Stabilierungsphase, was deutlich zeigt, dass das Ernährungsverhalten umgestellt wurde. Die medizinischen Risikofaktoren im Bereich der Blutlipide sowie des Blutdrucks, der Blutglucose und dar Harnsäure verbesserten sich jeweils signifikant. Das Optifast Programm richtet sich an adipöse Personen mit einem BMI über 30. Die Programmdauer beträgt 52 Wochen und die Patienten kommen einmal wöchentlich für 3 Stunden in das Optifast-Centrum. Dem Optifast-Team gehören jeweils Arzt, Psychologe (Verhaltenstherapeut), Bewegungstherapeut sowie Diätassistent an. Besonders hervorzuheben ist das Qualitätsmanagement, das eine Dokumentationspflicht für Ärzte, Psychologen und Teilnehmer einschließt. Inhalte des Schulungsprogramms sind Verhaltensumstellung, Ernährungsberatung, Bewegungsprogramm sowie kontinuierliche ärztlich Betreuung mit Erfassung der wesentlichen Laborparameter. Inzwischen liegen auch erste Ergebnisse zum neuen Optifast Junior Programm vor.

Das Optifast 52-Programm im Überblick

Vorbereitungsphase (ärztliche/psychologische Eingangsuntersuchung)
Fastenphase (12 Wochen mit der vollbilanzierten Formuladiät Optifast 800)
Umstellungsphase (6 Wochen Umstellungsphase mit schrittweiser Reduktion von Opitfast 800 und Umstellung auf eine fettkontrollierte kohlenhydratflexible Ernährungsweise)
Stabilisierungs- und Intensivierungsphase (33 Wochen mit intensiver Ernährungsberatung, Verhaltensumstellung sowie aktivem Bewegungsprogramm (ab der 3. Woche))

Novartis Consumer Health, Novartis Nutrition GmbH, Medical Nutrition, Productmanagement Slimming, Dr. Volker Bode, Zielstattstraße 40, 81379 München, Telefon: 089-7877659, Telefax: 089-7877625, volker.bode@ch.novartis.com, www.optifast.de

Zusammenfassung

Dicke sterben früher als Dünne! Diese Aussage, die im 4. Jahrhundert v. u. Z. im Corpus Hippocraticum niedergeschrieben wurde, trifft ca. 2500 Jahre später unverändert zu. Trotz dieser Erkenntnis werden die Deutschen immer übergewichtiger und Mediziner müssen hier intervenieren. Allein im Jahr 1995 wurden in Deutschland etwa 21 Milliarden DM für die Behandlung der Adipositas und deren Begleit- und Folgekrankheiten ausgegeben. Es ist zu erwarten, dass in der allgemeinmedizinischen Praxis Adipositas zu den häufigsten Patientenanliegen und Beratungsanlässen zählt. Die Patienten konsultieren ihren Hausarzt jedoch wegen Gelenkbeschwerden, Hypertonie, Diabetes mellitus, Schlaganfall, erhöhten Fettwerten, Gallensteinleiden, u.s.w.. Übergewicht als Anlass für den Beratungswunsch in der Kassenarztpraxis ist selten. Es sind vielmehr die Folgen der Adipositas oder deren Begleiterkrankungen, welche den Patienten zum Arzt führen. Dies verdeutlicht den beunruhigenden Gegensatz zwischen der epidemiologischen Aussage, wonach mehr als jeder zweite Deutsche übergewichtig ist und der Tatsache, dass die Behandlungsanlässe bei den Patienten ganz offensichtlich erst gegeben sind, wenn Folge- oder Begleiterkrankungen sie zum Arzt führen. Es ist sinnvoll, wenn sich Mediziner im Bereich der Igel-Leistungen engagieren und eine ärztlich strukturierte Adipositasberatung in einem praxisparallellen Gesundheitszentrum anbieten. Der Ernährungsbericht 2000 der Deutschen Gesellschaft für Ernährung (DGE) kommt zu dem Schluss, dass bei Kindern und Jugendlichen unter Berücksichtigung der Akzeleration keine Zunahme von Übergewicht und Adipositas im Vergleich zu 1984 eingetreten sei. Aber immerhin noch rund ein Fünftel der Kinder und Jugendlichen sind übergewichtig bzw. adipös. Jedes dritte Mädchen und jeder vierte Junge ist bereits zum Zeitpunkt der Einschulung übergewichtig. Da 30 Prozent der Kinder unter 14 Jahren starkes Übergewicht haben und „nur" 21 Prozent der Erwachsenen darunter leiden, ist davon auszugehen, dass sich die Zahl der Dicken in Deutschland im Laufe der nächsten 25 Jahre um 50 Prozent erhöht.

Literatur

1 Hauner H., Westenhöfer J., Wirth A., Lauterbach K., Fuchs C., Gandjour A., Hunsche E., Kautz-Segadlo U., Kurscheid T., Maringer R., Mayer M., Steiner S.: Adipositas Leitlinie für den behandelnden Arzt. Anwenderversion der Evidenz-basierten Leitlinie zur Behandlung der Adipositas in Deutschland. Anwenderversion. 1998
2 Hauner H., Westenhöfer J., Wirth A. Lauterbach K., Fuchs C., Gandjour A., Hunsche E., Kautz-Segadlo U., Kurscheid T., Maringer R., Mayer M., Steiner S.: Adipositas. Leitlinie. Evidenz-basierte Leitlinie zur Behandlung der Adipositas in Deutschland. Expertenversion. 1998
3 Hoffmeister H., Mensink G.B., Stolzenberg H.: National trends in risk factors for cardiovascular disease in Germany. Prev Med 23: 197-205. 1994
4 Müller M. J.: Prävention der Adipositas ist möglich. Gesundheitserziehung von Kindern – wirksame Strategie gegen Übergewicht? Ärzte Zeitung 58. 2000
5 Müller M. J., Asbeck I., Mast M., Langnäse K., Grund A.: Adipositasprävention – ein Ausweg aus dem Dilemma? Ernährungs-Umschau 46: 436-440. 1999
6 Bergmann K. E., Mensink G. B. M.: Körpermaße und Übergewicht. Gesundheitswesen 61: S115-S120. 1999
7 Krimmel L.: Kostenerstattung und Individuelle Gesundheitsleistungen. Neue Chancen für Patienten und Ärzte. Deutscher Ärzte-Verlag, Köln. 1998
8 Hauner H.: Interview: Sind Gewichtsreduktionsprogramme sinnvoll? Ernährungs-Umschau 43: B35-B36. 1996
9 Frey-Hewitt B., Vranizan K. M., Dreon D. M., Wood P. D.: The effect of weight loss by dieting or exercise on resting metabolic rate in overweight men. Int J Obes 14: 327-334. 1990

10 Hakala P., Karvetti R. L.: Weight reduction on lactovegetarian and mixed diets. Changes in weight, nutrient intake, skinfold thickness and blood pressure. Eur J Clin Nutr 43: 421-430. 1989

11 Ryttig K. R., Rossner S.: Weight maintenance after a very low calorie diet (VLCD) weight reduction period and the effects of VLCD supplementation. A prospective, randomized, comparative, controlled long-term trial. J Intern Med 238: 299-306. 1995

12 Wood P. D., Stefanick M. L., Dreon D. M., Frey-Hewitt B., Garay S. C., Williams P. T., Superko H. R., Fortmann S. P., Albers J. J., Vranizan K. M. et al.: Changes in plasma lipids and lipoproteins in overweight men during weight loss through dieting as compared with exercise. N Engl J Med 319: 1173-1179. 1988

13 Wood P. D.: Clinical applications of diet and physical activity in weight loss. Nutr Rev 54 (Suppl. 4 Pt. 2): S131-S135. 1996

14 Westenhöfer J., Klusmann T.: Erfolgsstrategien zur Stabilisierung des Körpergewichts. Poster Kongress der Deutschen Adipositas Gesellschaft, Osnabrück. 1998.

15 Deutsche Gesellschaft für Ernährung (DGE): Referenzwerte für die Nährstoffzufuhr. 1. Aufl., Umschau Braus GmbH, Verlagsgesellschaft, Frankfurt am Main. 2000

16 Scholz A.O., Willmen H.-R., Pudel V.: Neue Strategie zur erfolgreichen Adipositastherapie. Seminar HausarztPraxis 3: 43-46. 2000

17 Walle H., Walle B.-W., Ernährungsberatung in der Arztpraxis, Der Hausarzt 3/01, 47-49

Tabelle 1a: Strukturierte ärztliche Gewichtsreduktionsprogramme

Unter-nehmen	Jahres-umsatz	Beratung s-stell en/Arzt-ante il	Kunden-zahl 200 1	Mon ats-geb ühr (Ber ater)	Jährlic hes Berater	Kos ten Star t-pak et	Einf üh-rung s-schu lung (Um fang)	Kun den-zeit ung	Berater-zeit-schri ft	Mitar beiter Ärzte /Diät - assist enten , Dipl. oec. troph .)	Au ße n-die nst	Messung der Kör-perkom-parti-mente	Eins atz von Diät etic a	Weitere Konzepte
PreCon GmbH & Co. KG Darmstädt er Straße 63-67 64404 Bickenbac h Telefon: 06257 - 5001-0 Fax: 06257 - 5001-96 www.prec on.de info@prec on.de **seit 1986 im Bereich Adiposita sberatun g tätig**	Kei ne An ga be	> 1.70 0, 98 % Med izine r	> 200 .00 0	Kein e Ang abe n	Keine Angabe n	Kei ne Ang abe n	32 Stu nde n	Ja	Ja, zzgl. Ernä hrun g und Medi zin	Insge samt > 80, sonst keine Anga ben	> 20	Ja BIA	Ja	Keine Angabe
FormMed HealthCa re AG Minnholzw	Kei ne An ge	380, 100 % Med	50. 000	Grat is	Jahres-Nettog ewinn druchs	Gra tis	20 (12 +8 Stu	Ja	News letter Infor m,	28 (3, 0, 3)	5 (+ 3 ab	Ja BIA (2.200€ oder	Ja	Orthomol ekulare Medizin (OrthoCon

	be	izine r			chnittlich zwischen 12.000 und 48.000 Euro (ca. 30.000 €)	nde n, 1,5 +1 Tag e)		regel mäßi g		20 03)	Miete)		cept®) und Bewegungsprogram m (WalkingC oncept®)
eg 2b 61476 Kronberg Telefon: 06173/92 70-0 Fax: 06173/92 70-29 www.form med.de info@form med.de													
Bodymed AG Am Tannenwal d 6 66459 Kirkel **Telefon: 06849-600255** Fax: 06849-600256 www.body med.de zentrale@ bodymed. de	Kei ne An ga be	281, 100 % Med izine r	35. 000	Grat is	Netto-Ertrag durchs chnittli ch 49.000 Euro kann nicht sein...) (entspr icht 30.000 Euro Netto-Ergebn is),	Gra tis	12 Stu nde n	Bod yakt iv	Ja, regel mäßi g	23 (3, 0, 4)	9	Infrarotsp ektroskop ie Futrex (3.700 €)	ja	Orthomol ekulare Medizin

Tabelle 1b: Strukturierte ärztliche Gewichtsreduktionsprogramme

Unter-nehm en	Prod ukt-prei se	Mon ats-geb ühr für Kun den	Durchsc hnitts-BMI der Kunden (Beginn/ Ende)	Gru nd-geb ühr für Ber ater	Seminar-angebot	Kost en für Se-min are	Koste n BIA/F utrex Gerät	Verha ltens-thera peu-tische r An-satz des Progr amm s	Bewegun gs-therapeu -tischer Ansatz des Program ms	Teiln ahme -dauer der Kund en	Info-telefo n-num mern	Veränderung der Körperzusam mnensetzung
PreC on Gmb H + Co. KG	Kein e Ang abe	18 €	Keine Angaben	Kein e Ang abe n	PreCon Institut, Bundeswei t Angebote	Kein e Ang abe n	Keine Anga ben	Ja	Ja	Keine Anga ben	Berat er: 0800-77326 6 Teilne hmer: 0180-57732 66	Keine Angaben
Form Med Healt hCar e AG	37, 50 €,	17, 50 €	Studie: 31,4, 28,4 (3 Monate), 26,9 (6 Monate) (Studie veröffen tlicht)ht)	Grat is	FormMed Akademie 100 Veranstalt ungen/Jah r bundeswei t	Grat is	2200 €	Ja	Ja WalkingC oncept®	durch schn. 5 Mona te	Hotlin e BIA: 0800-36766 33 (FOR MMED) Berat er: 06173 - 9270-0 (7:30	Fettmasse: 36,2 auf 29,1kg (3 Monate), 36,2 auf 25,9 (6 Monate), Abnahme der Muskelmasse (BCM): <1kg (<4%) (3 Monate), <2kg (<8%) 6 Monate (Studie veröffentlicht

Body med AG	35,50 €,	18 €	Beginn: 31,8 Ende: 26,7	Grat is	Bodymed Akademie	77 €	3700 €	Im Aufba u	Ja Nordic Walking	4,5 Mona te	-19:00)) Berat er: 06849 -60025 3 Teilne hmer: 0800-BODY MED	70 % Fettmassever lust und 30 % fettfreie Masse

Honorierung von Beratungsleistungen im Rahmen der Ernährungsberatung nach GOÄ

GOÄ-Nr. 1: Ernährungsberatung
4,66 Euro (1-fach) 15,00 Euro (3,2-fach)

GOÄ-Nr. 3: Ernährungsberatung, ausführlich, mindestens 10 Minuten
8,74 Euro (1-fach), 20,00 Euro (2,29-fach), 25,00 Euro (2,86-fach)

GOÄ-Nr. 4: Ernährungsberatung des Lebenspartners
12,82 Euro (1-fach), 30,00 Euro (2,34-fach)

GOÄ-Nr. 20: Gruppenberatung mit 4 bis 12 Teilnehmern Dauer 50 Minuten
7,00 (1-fach), 15,00 Euro (2,14-fach), 20,00 Euro (2,86-fach)

GOÄ-Nr. 23: Strukturierte Schulung und Ernährungsberatung, Einzelperson, mindestens 20 Minuten
17,49 (1-fach), 40 (2,29-fach)

GOÄ-Nr. 76: schriftlicher Diätplan
4,08 Euro (1-fach), 10,00 Euro (2,45-fach)

GOÄ-Nr. A650: Körpermassenmessung, bioelektrische Impedanz Analyse
8,86 Euro (1-fach), 15,00 Euro (1,69-fach)

Autor: Sven-David Müller, M.Sc, Master of Science in Applied Nutritional Medicine (Angewandte Ernährungsmedizin), staatlich anerkannter Diätassistent und Diabetesberater der Deutschen Diabetes Gesellschaft (DDG), Haddamshäuser Weg 4a, 35096 Weimar an der Lahn, www.svendavidmueller.de, diaetmueller@web.de

Literatur: Beim Verfasser, Praxis der Diätetik und Ernährungsberatung, Haug Verlag, E. Lückerath und S.-D. Müller; Kalorien-Nährwert-Lexikon, Schlütersche Verlagsgesellschaft mbH, K. Raschke und S.-D. Müller